U0112729

孝經傳說圖解

清·金柘岩　輯

中國書店

據中國書店藏清嘉慶十六年雲豫堂刻本影印原書版框高十七點八厘米寬十三點四厘米高十七點九厘米寬十四點一厘米不等

嘉慶辛未新鐫

孝經傳說圖解

版藏嘉郡普濟堂雲鶴樓

孝經一書刊諸金石列諸國學其由來尚矣自注疏而外箋之釋之解之爲橫卷爲立軸以饋貽人亦復不少若繪圖立說則自此

篇始舉歷代以來孝行之人堪爲後世法者命其題述其事繪其像於經語未嘗道一言而於經旨隱然相合人以爲勸善金繩余

以為教孝寶筏也门下金
生汝翰汝楫伯仲咸與篇
諸同門勷資以開雕來問
敘於余余惟忠孝乃生人
大節昔辛酉歲我门朱子
巒取陳忠裕公全集而編
次之馬生應梅捐梨棗之
工迄今已十稔矣歲又逢
辛而金生等有孝經圖說
之刊事關名教誼切敦倫

一忠一孝可謂後先輝暎矣夫書有忠孝之名讀是書者正當顧名思義古人云求忠臣於孝子之門誠能誦讀之暇身體之力行

之將移孝所以作忠而志業之士尤當家置一編也於其刻事既竣為書數語以引之時

嘉慶十六年歲次辛未八

月朔太白山人書於雲鶴樓

同郡金文柘岩篤實君子也歲戊午延課余季弟見其跬步作止必準繩尺心竊企服嗣是子姪輩俱從受業焉與余兄弟處最久交最洽然遇有過必動色規誡誠懇切摯益加敬憚嘗謂養蒙之道首在培其根本教未有不從孝始者因裒集古今孝行二百條叶為韻語以便誦習而以孝經冠其首又恐童蒙未諳尋繹思得善手繪之令按圖索解展卷瞭然顧未有同志戴君蓮洲世擅六法且勇於見義輒毅然自任極五載之力苦心

實錄館纂修提督廣東學政加二級

愚弟朱階吉頓首拜序

孝經

仲尼居曾子侍子曰先王有至德要道以順天下民用和睦上下無怨女知之乎曾子避席曰參不敏何足以知之子曰夫孝德之本也教之所由生也復坐吾語女身體髮膚受之父母不敢毀傷孝之始也立身行道揚名於後世以顯父母孝之終也夫孝始於事親中於事君終於立身愛親者不敢惡於人敬親者不敢慢於人愛敬盡於事親而德教加於百姓刑於四海蓋天子之孝也在上不驕高而不危制節謹

度滿而不溢高而不危所以長守貴也滿而不溢所以長守富也富貴不離其身然後能保其社稷而和其民人蓋諸侯之孝也非先王之法服不敢服非先王之法言不敢道非先王之德行不敢行是故非法不言非道不行口無擇言身無擇行言滿天下無口過行滿天下無怨惡三者備矣然後能守其宗廟蓋卿大夫之孝也資於事父以事母而愛同資於事父以事君而敬同故母取其愛而君取其敬兼之者父也故以孝事君則忠以敬事長則順忠順不失以事

其上然後能保其祿位而守其祭祀蓋士之孝也用天之道分地之利謹身節用以養父母此庶人之孝也故自天子至於庶人孝無終始而患不及者未之有也

右經一章 朱子曰此夫子曾子問答之言而曾氏門人之所記也疑所謂孝經者其本文止如此其下則或者雜引傳記以釋經文乃孝經之傳也

子曰昔者明王事父孝故事天明事母孝故事地察長幼順故上下治故雖天子必有尊也言有父也必有先也言有兄也宗廟致敬不忘親也脩身愼行恐

辱先也宗廟致敬鬼神著矣天地明察神明彰矣孝悌之至通於神明光於四海無所不通詩云自西自東自南自北無思不服

右傳之首章 釋先王有至德要道由一念而感神明至德也由一家而達四海要道也朱子曰此有格言焉

子曰昔者明王之以孝治天下也不敢遺小國之臣而況於公侯伯子男乎故得萬國之懽心以事其先王治國者不敢侮於鰥寡而況於士民乎故得百姓之懽心以事其先君治家者不敢失於臣妾而況於

妻子乎故得人之懽心以事其親夫然故生則親安之祭則鬼享之是以天下和平災害不生禍亂不作故明王之以孝治天下也如此詩云有覺德行四國順之

右傳之二章 釋以順天下民用和睦上下無怨以孝治者順天下也得懽心者和睦無怨也

曾子曰敢問聖人之德無以加於孝乎子曰天地之性人為貴人之行莫大於孝孝莫大於嚴父嚴父莫大於配天則周公其人也昔者周公郊祀后稷以配

天宗祀文王於明堂以配上帝是以四海之內各以其職來祭夫聖人之德又何以加於孝乎

右傳之三章 釋德之本朱子曰此因論武王周公之事而贊美其孝之辭非謂凡為孝者皆欲如此也

曾子曰甚哉孝之大也子曰夫孝天之經也地之義也民之行也天地之經而民是則之則天之明因地之義以順天下是以其教不肅而成其政不嚴而治

右傳之四章 釋教之所由生

子曰君子之教以孝也非家至而日見之也教以孝

所以敬天下之為人父者也教以弟所以敬天下之為人兄者也教以臣所以敬天下之為人君者也詩云豈弟君子民之父母非至德其孰能順民如此其大者乎

右傳之五章 申釋至德以順天下

子曰教民親愛莫善於孝教民禮順莫善於弟移風易俗莫善於樂安上治民莫善於禮禮者敬而已矣故敬其父則子悅敬其兄則弟悅敬其君則臣悅敬一人而千萬人悅所敬者寡而悅者衆此之謂要道

也

右傳之六章 申釋要道民用和睦上下無怨

子曰父子之道天性也君臣之義也父母生之續莫大焉君親臨之厚莫重焉故親生之膝下以養父母日嚴聖人因嚴以教敬因親以教愛故不愛其親而愛他人者謂之悖德不敬其親而敬他人者謂之悖禮聖人之教不肅而成其政不嚴而治其所因者本也

右傳之七章 申釋德之本教之所由生朱子曰此皆格言

子曰孝子之事親也居則致其敬養則致其樂病則致其憂喪則致其哀祭則致其嚴五者備矣然後能事親事親者居上不驕為下不亂在醜不爭居上而驕則亡為下而亂則刑在醜而爭則兵三者不除雖日用三牲之養猶為不孝也子曰五刑之屬三千而罪莫大於不孝要君者無上非聖人者無法非孝者無親此大亂之道也

右傳之八章 釋始於事親末又兼及事君立身以起下章朱子曰此亦格言也

子曰君子之事上也進思盡忠退思補過將順其美

匡救其惡故上下能相親也詩云心乎愛矣遐不謂矣中心藏之何日忘之

右傳之九章 釋中於事君

子曰君子之事親孝故忠可移於君事兄弟故順可移於長居家理故治可移於官是以行成於內而名立於後世矣

右傳之十章 釋終於立身第八章釋事親而章末兼及事君立身此釋立身而章首先舉事親事君以見始中終相貫之義

曾子曰若夫慈愛恭敬安親揚名則聞命矣敢問子

從父之令。可謂孝乎。子曰。是何言與。是何言與。昔者。天子有爭臣七人。雖無道不失其天下。諸侯有爭臣五人。雖無道不失其國。大夫有爭臣三人。雖無道不失其家。士有爭友。則身不離於令名。父有爭子。則身不陷於不義。故當不義。則子不可以不爭於父。臣不可以不爭於君。故當不義則爭之。從父之令。又焉得為孝乎。

右傳之十一章 廣經中五孝之義言天子諸侯卿大夫士庶人皆當有過則諫非徒從順而已朱子曰此不解經而別發一義

子曰。孝子之喪親也。哭不偯。禮無容。言不文。服美不安。聞樂不樂。食旨不甘。此哀戚之情也。三日而食。教民無以死傷生。毀不滅性。此聖人之政也。喪不過三年。示民有終也。為之棺槨衣衾而舉之。陳其簠簋而哀戚之。擗踊哭泣。哀以送之。卜其宅兆而安厝之。為之宗廟。以鬼享之。春秋祭祀。以時祀之。生事愛敬。死事哀戚。生民之本盡矣。死生之義備矣。孝子之事親終矣。

之終朱子曰此亦不解經而別發一義其語尤精切也

是編為元吳文正公所定原本朱子刊誤分經一章傳十二章先儒謂與修補大學同功與古文今文並載入四庫全書中高安朱可亭相國曾刻於兩浙撫署附三本孝經後第坊間絕少行本因登諸梨棗冠孝子圖解之前以廣所見云

之終朱子曰此亦不解經而別發一義其語尤精切也

孝經傳說圖解目錄

卷一

孝經傳說圖解目錄

卷二

孝經傳說圖解目錄

卷三

孝經傳說圖解目錄

卷四

孝經傳說圖解

有虞貳室

雲豫堂

嘉興徐濤捐刻

治

帝舜有虞氏。母曰握登。生舜于姚墟。父瞽叟。盲。而舜母死。更娶妻。生象。象傲。瞽叟常欲殺舜。堯聞其賢。妻以二女。九男事之。而託天下焉。瞽叟使舜完廩。捐階。焚廩。舜以兩笠自扞下。得不死。又使浚井。瞽叟與象共下土實井。舜從匿空出。象曰。謨蓋都君咸我績。往入舜宮。舜在牀琴。象曰。鬱陶思君爾。忸怩。舜曰。惟茲臣庶。汝其與予治。孟子曰。舜盡事親之道。而瞽叟祇豫。瞽叟祇豫。而天下化。瞽叟祇豫。而天下之為父子者定。此之謂大孝。史記

孝經傳說圖解

西伯寢門

雲豫堂

嘉興徐濤捐刻　治

文王之為世子。朝於王季日三。雞初鳴而衣服。至於寢門外。問內豎之御者曰。今日安否何如。內豎曰。安。文王乃喜。及日中又至。亦如之。及暮又至。亦如之。其有不安節。則內豎以告文王。文王色憂。行不能正履。王季復膳。然後亦復初。食上。必在視寒煖之節。食下。問所膳羞。命膳宰曰。末有原。應曰諾。然後退。禮記

孝經傳説圖解

趙咨設食

雲豫堂

秀水陳振聲捎刺

縄

後漢趙咨。字文楚。少孤。有孝行。盜嘗往刼之。咨恐驚母。先至門迎盜。因請為設食。謝曰。老母八十。疾病須養。居貧。朝夕無儲。乞少置衣粮。妻子餘物。一無所惜。盜皆慚歎。曰。所犯無狀。干暴賢者。言畢奔出。咨追以物與之。不及。由此益知名。徵拜東海相。

後漢書

孝經傳説圖解

顧蘭推恩

雲豫堂

秀水陳振聲捐刻

繩

顧蘭。字芝侶。仁和諸生。受室未月餘。即與親同寢處。夜必數起視安。母諭之。則曰兒與父母隔處。終不成寐。不如共處之安。推恩割產。膳養寡嫂。三十年如一日。錢塘縣志

孝經傳說圖解

仁丑架木

雲豫堂

秀水陳振聲捐刻

潘仁丑字景商。天台人。少喪父。事母至孝。溪流暴漲。母病。仁丑尚穉。架木以濟。寇至。以身捍母。伏橋下。得不死。乾道間。表其門。後人名其坊曰旌孝。橋曰孝義。

赤城會通記

仁

孝經傳說圖解

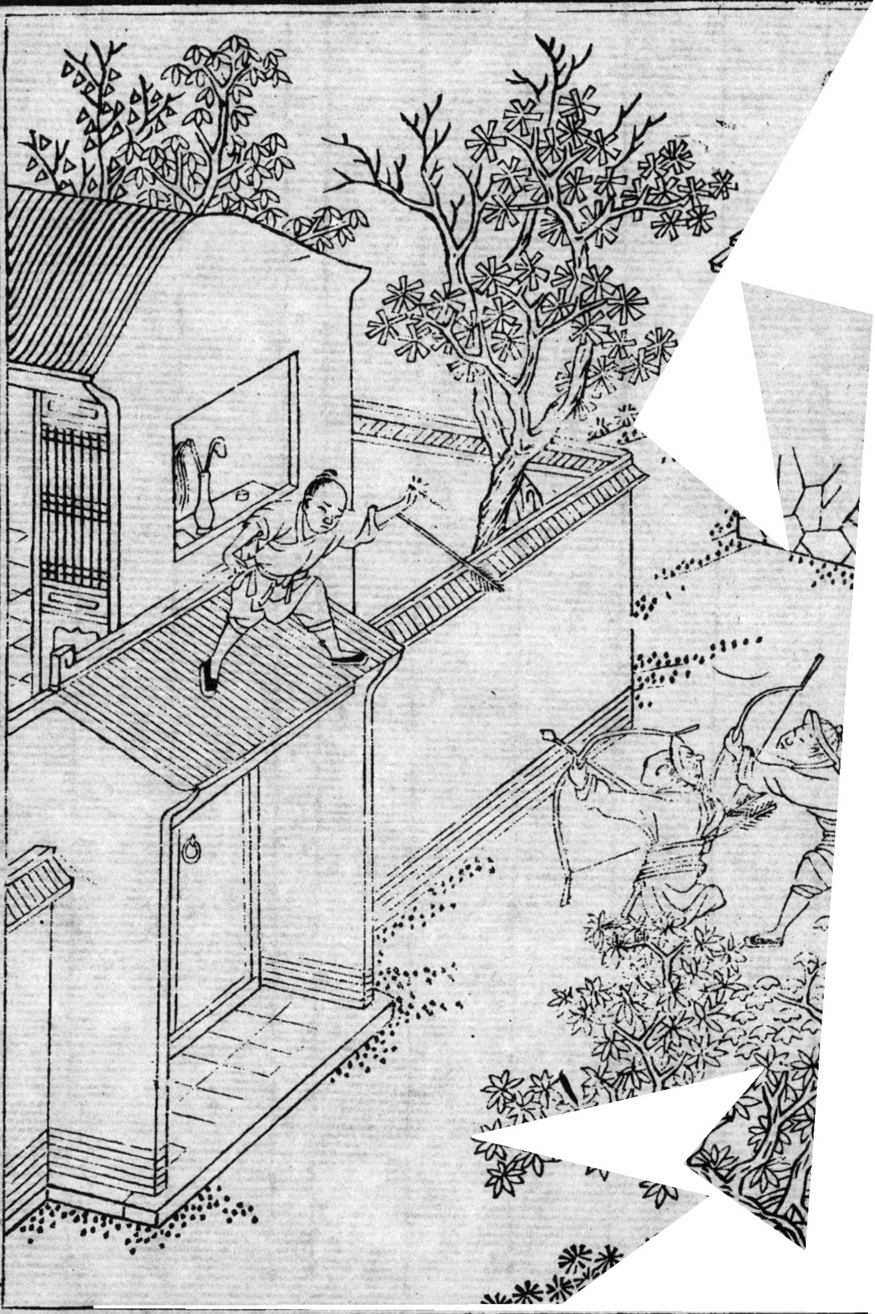

人驥越垣

雲豫堂

秀水陳振聲捐刺

仁

吴人驥。父太平公。以清特聞。死官。嘗發盜。盜父子為魁。恨入骨。乃集羣盜排户入。獲吴母。人驥越垣赴救。不得前。乃升屋大號。賊怒。發流矢中左右股。又中偏頂。墜地。匍匐抵母所。賊皆露刃立。人驥忍死前捍。會救者至。賊去。人驥越三日。病創死。而母卒無恙。黄汝亨為立孝子碑。

黄汝亨吴叔良傳

孝經傳說圖解

徐庶方寸

雲豫堂

秀水陳振聲捐刻　信

後漢。徐庶。潁川人。見先主於新野。先主器之。曹操輕軍至襄陽。庶母為操所獲。庶辭先主。指其心曰。本欲與將軍共圖王伯之業者。以此方寸也。今已失老母。方寸亂矣。無益于事。請從此別。遂詣操奉母。終身不畫一策。三國志

孝經傳說圖解

吴濬片言

雲豫堂

秀水陳振聲捐刻

吴濬。號素齋。世居山陰樂利村。成化十八年。年十歲輙抱書以片言活父於御史臺。人奇之。及長。修身表俗。務厚人道。侍母寢。足不至閨闥。冬燠衾。四十年如一日。鑪火以構。忘母辰。一弗壽。遂終身不令家壽。年八十。道父母生時事。尚作嬰兒啼。其于人好解劚紛。里中事行止。必曰吴孝子知否。人藉以為重云。浙江通志

信

孝經傳說圖解

元讓感后

雲豫堂

秀水陳振聲捐刻

覺

元讓。雍州武功人。擢明經。以母病。不肯調。侍膳不出閭。数十年。永淳初。巡察使表讓孝悌卓越。擢太子右內率府長史。中宗在東宮。召拜司議郎。入謁。武后望謂曰。卿孝于家。必能忠於國。宜以治道輔吾子。唐書

孝經傳說圖解　李諮安親　雲豫堂

秀水陳振聲捐刻　覺

宋李諮。有至性。父克捷因小故怒出其母。諮日夜號泣。飲食不入口。父憐之。即遣人迎歸。後舉進士。真宗見其名。曰。是能安其親者。擢第二。宋紀

孝經傳說圖解

子懋禮佛

雲豫堂

秀水陳振聲捐刻

晉安王肅子懋。七歲時。母阮淑媛。常病篤。請僧行道。有獻蓮花供佛者。子懋流涕禮佛誓曰。若使阿姨獲祐。願齋竟花如故。七日齋畢。花更鮮紅。視甖中稍有根鬚。阮病尋差。世稱其孝感。梁吳均齊春秋

文

孝經傳說圖解

歐寶覆虎

雲豫堂

海鹽繆溱捐刺

經

漢歐寶。永豐人。事親孝謹。父喪。廬于墓側。朝夕哭泣。適里人格虎。虎投其廬。寶以衣覆之。得脫去。後虎每月送一鹿助祭。人以為孝感。

廣輿記

孝經傳說圖解

王脩輟社

雲豫堂

秀水宋紹音捐刻

王修。字叔治。北海營陵人也。年七嵗喪母。母以社日亡。来嵗隣里社。修感念母哀甚。隣里聞之。為之罷社。年二十。遊學南陽。止張奉舍。奉舉家得疾病。無相視者。修親隱恤之。病愈乃去。初平中。北海孔融召以為主簿。守高密令。豪強懾服。舉孝廉。修讓邴原。融不聽。頃之。郡中有反者。修聞融有難。夜徃奔融。賊初發。融謂左右曰。能冒難来。惟王修耳。言終而脩至。三國魏志

先

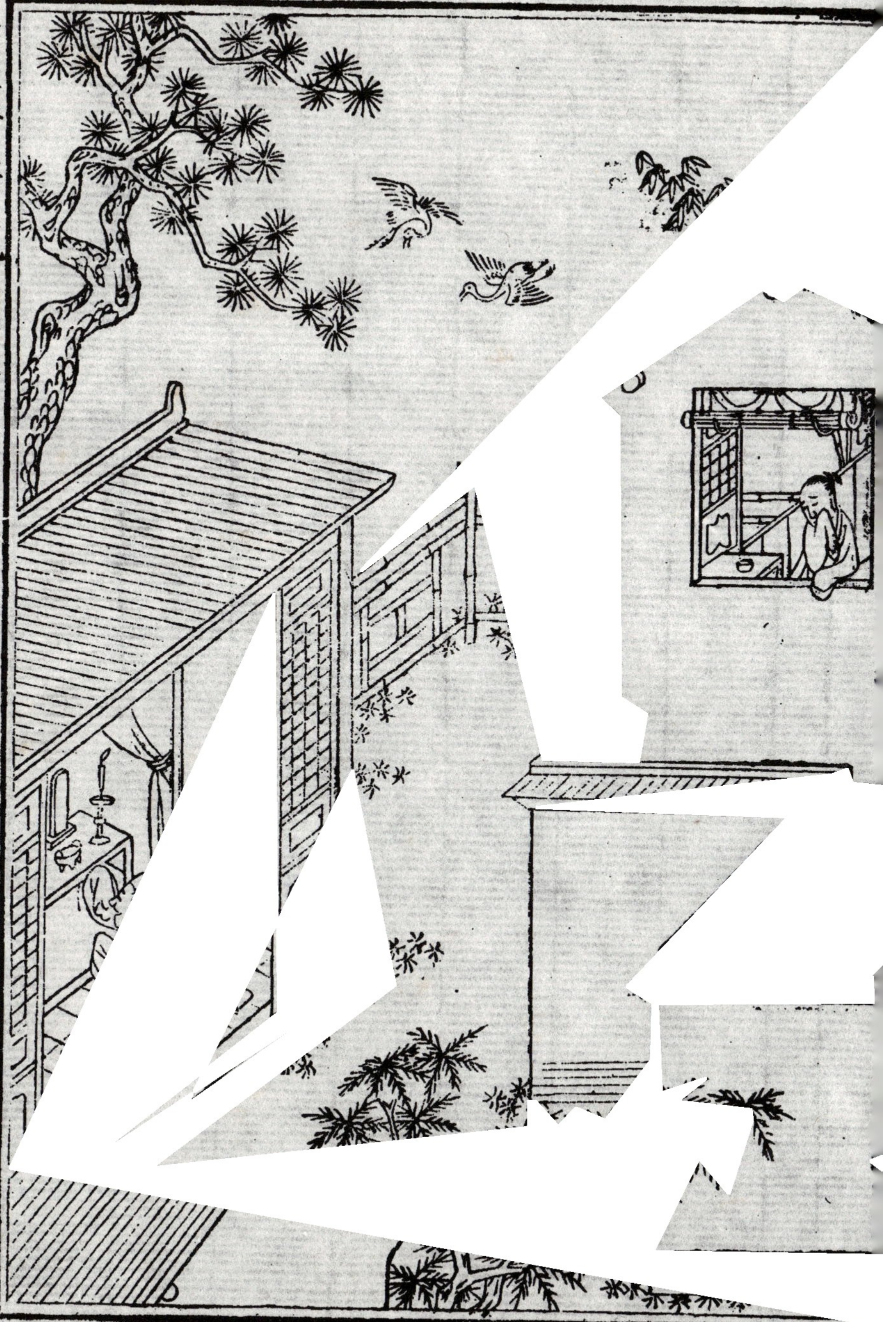

隱之慼隣

雲豫堂

嘉興許維周捐刻

吳隱之執喪過禮。家貧無人鳴鼓。每至哭臨之時。常有雙鶴警叫。與太常韓康伯隣居。隱之每哭。康伯母輟事流涕。悲不自勝。晉書

人勇木馬

雲豫堂

嘉興許維周捐刻

至元間。陝西崔人勇。戍廣西。報母病。大哭欲絕。有丐食道者。曰。借汝神馬。三日可到。且遺藥丸。曰。可愈母病。勇喜再拜。道者叱木成馬。勇乘以歸。母服藥而愈。

稗史彙編

孝經傳說圖解

彥斌芻靈

雲豫堂

嘉興許維周捐刻

正

元郉州人。史彥斌。少有孝行。至正中河溢。彥斌母墓為水所漂。彥斌號泣縛草人浮水中。仰天呼曰。母棺不知其處。願天矜憐。假此芻靈。指示所在。乃乘舟隨草人所之。行三百里。果得母柩。載歸以葬。

續宏簡錄

孝經傳說圖解

吉翂撾鼓

雲豫堂

嘉興許維周捐刻

吉翂。字彥霄。世居襄陽。幼有孝性。天監初。父為吳興原鄉令。為姦吏所誣。逮詣廷尉。翂年十五。號泣衢路見者皆為隕涕。其父恥為吏訊。乃虛自引咎。罪當大辟。翂乃撾登聞鼓乞代。高祖異之。敕廷尉蔡法度曰吉翂請死贖父。義誠可嘉。但其幼童。未必自能造意卿可嚴加脅誘。取其款實。法度受敕還寺。盛陳徽纆厲色問翂曰。爾求代父死。敕已相許。然刀鋸至劇。審能死不。且爾童孺。志不及此。必為人所教。可具列答若有悔異。亦相聽許。翂對曰。囚雖蒙弱。豈不知死可

畏憚顧諸弟稚藐。唯囚為長。不忍見父極刑。自延視
息。所以内斷胸臆。上干萬乘。今欲殉身不測。委骨泉
壤。此非細故。奈何受人教耶。明詔聽代。不異登仙。豈
有回貳。法度知翂至心有在。不可屈撓。乃更和顏誘
語之曰。主上知尊侯無罪。行當釋亮。觀君神儀明秀。
足稱佳童。今若轉辭。幸父子同濟。奚以此妙年苦求
湯鑊。翂對曰。凡鯤鮞螻蟻。尚惜其生。況在人斯。豈顧
虀粉。但囚父挂深劾。必正刑書。故思殞仆。冀延父命。
今瞑目引領。以聽大戮。情殫意極。無言復對。法度具

以奏聞。高祖乃宥其父。丹陽尹王志欲於歲首舉充
純孝之選。翂曰。異哉王尹。何量翂之薄乎。夫父辱子
死。斯道固然。若翂有靦面目。當其此舉。則是因父買
名。一何甚辱。拒之而止。年十七。應辟為本州主簿。出
監萬年縣。攝官期月。風化大行。後鄉人裴儉等連名
薦翂。以為孝行純至。明通易老。敕付太常旌舉。梁書

孝經傳說圖解

曹曾操瓶

雲豫堂

曹曾。魯人也本名平。慕曾参之行。改名為曾。家財巨億。事親盡禮。日用三牲之養。一味不虧。不先親而食新味。客于人家。得新味則懷而歸。不畜雞犬。恐誼囂驚動親也。時亢旱。井池皆竭。母思甘泉之水。曾跪而操瓶。甘泉自湧。清美於常。學徒有貧者。皆給食。天下名書。上古以来文篆。訛落者。曾皆刊正。垂萬餘卷。及世乱。家家焚廬。曾慮先文湮沒。乃積石為倉以藏書。故謂曹氏為書倉。國難既定。收天下遺書于曹家。曾卒。諸弟子于門外立祠。曰曹師祠。拾遺記

嘉興許維周捐刻

心

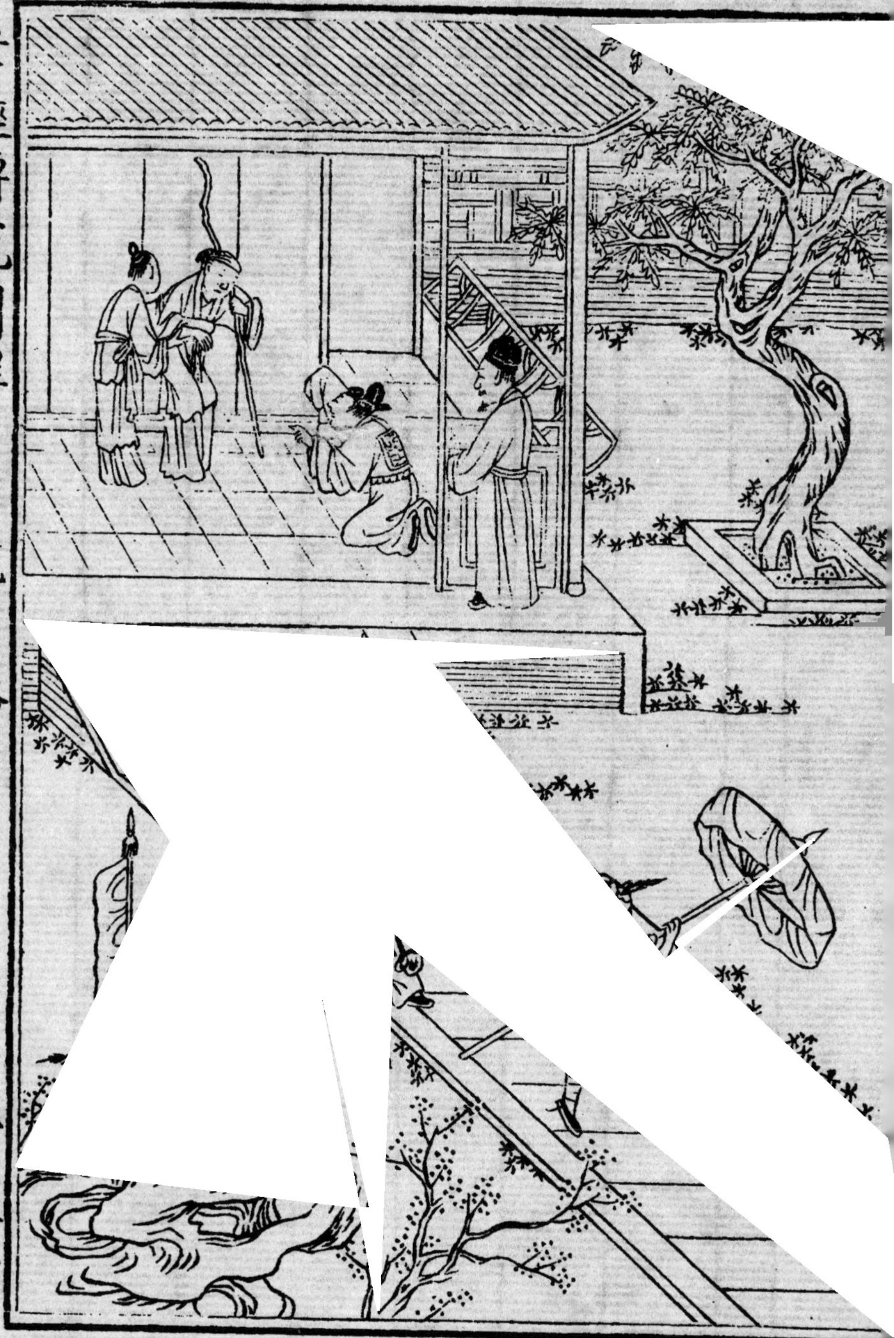

孝經傳說圖解

元明豁目

雲豫堂

秀水金衍昭捐刻

健

閻元明。河東安邑人。太和五年。除北随郡太守。元明以違離親養興言悲慕。母亦慈念。泣哭喪明。元明悲號上訴。許歸奉養。一見其母。母目豁然復明。刺史呂壽恳列狀上聞。詔下州郡。表為孝門。復其租調兵役。令終母年。魏書

孝經傳說圖解

王荐延齡

雲豫堂

嘉興朱壽仁捐刻

王荐。父疾甚。荐禱於天。願減己年益父壽。父絕而復甦。告人曰。適恍惚見神人。黃衣紅帕首。語我曰。汝子孝。上帝命錫汝十二齡。疾遂愈。後果如神言。元史

健

孝經傳說圖解

竇婦東海

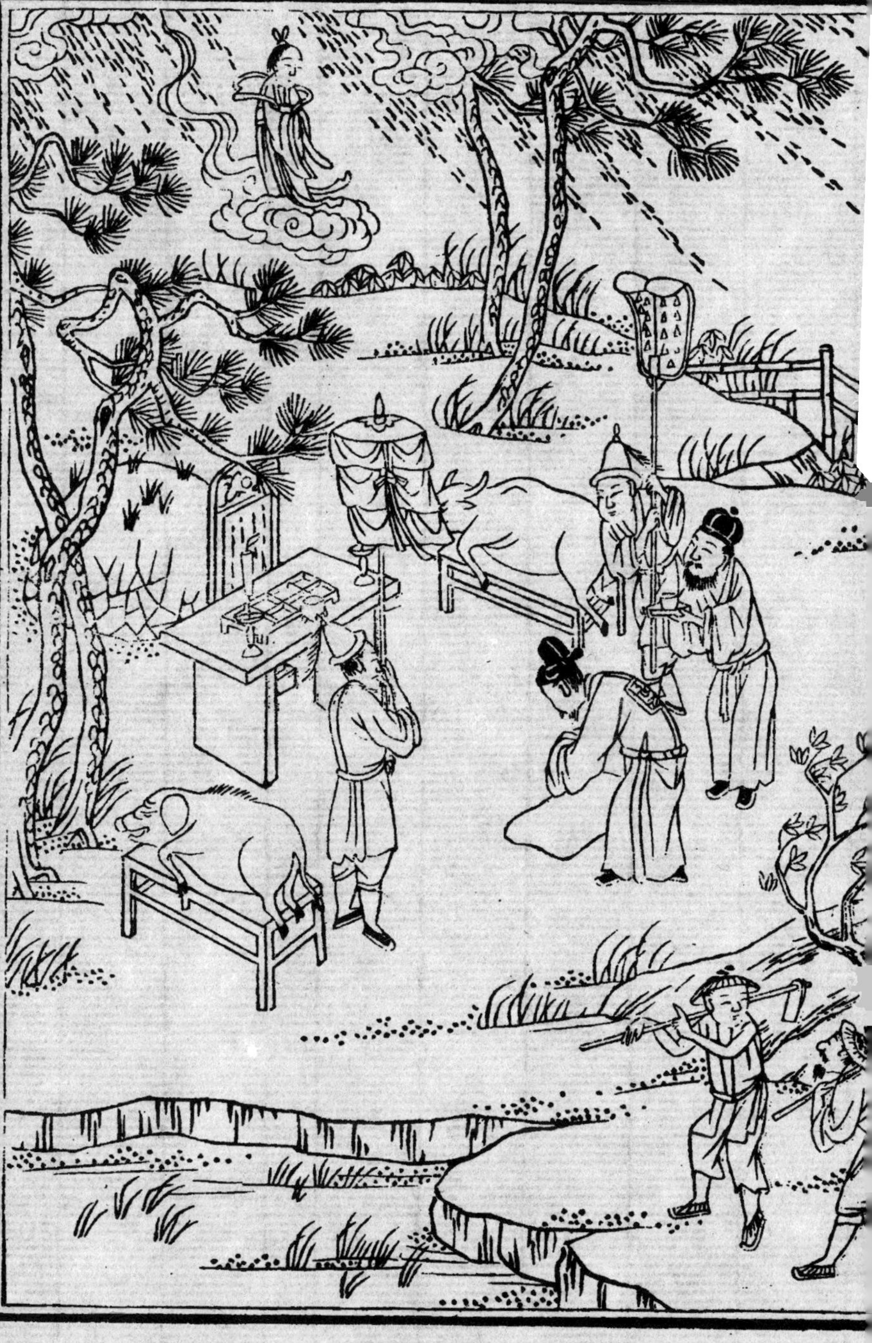

雲豫堂

于公為縣獄史郡決曹。決獄平。羅文法者。于公所決
皆不恨。東海有孝婦。少寡亡子。養姑甚謹。姑欲嫁之。
終不肯。姑謂隣人曰。孝婦事我勤苦。哀其亡子守寡。
我老。久累丁壯。奈何。其後姑自經死。姑女告吏婦殺
我母。吏捕孝婦。孝婦辭不殺姑。吏驗治。孝婦自誣服。
具獄上府。于公以為此婦養姑十餘年。以孝聞。必不
殺也。太守不聽。于公爭之。弗能得。乃抱其具獄哭於
府上。太守竟論殺孝婦。郡中枯旱三年。後太守至。卜
筮其故。于公曰。孝婦不當死。前太守強斷之。咎當在

海鹽王璘捐刻

是乎於是太守殺牛自祭孝婦冢因表其墓天立大

雨。歲孰。郡中以此大敬重于公。公曰。我治獄多陰德。

未嘗有所寃。子孫必有興者。至其子定國為丞相。孫

永為御史大夫。封侯傳世云。 前漢書

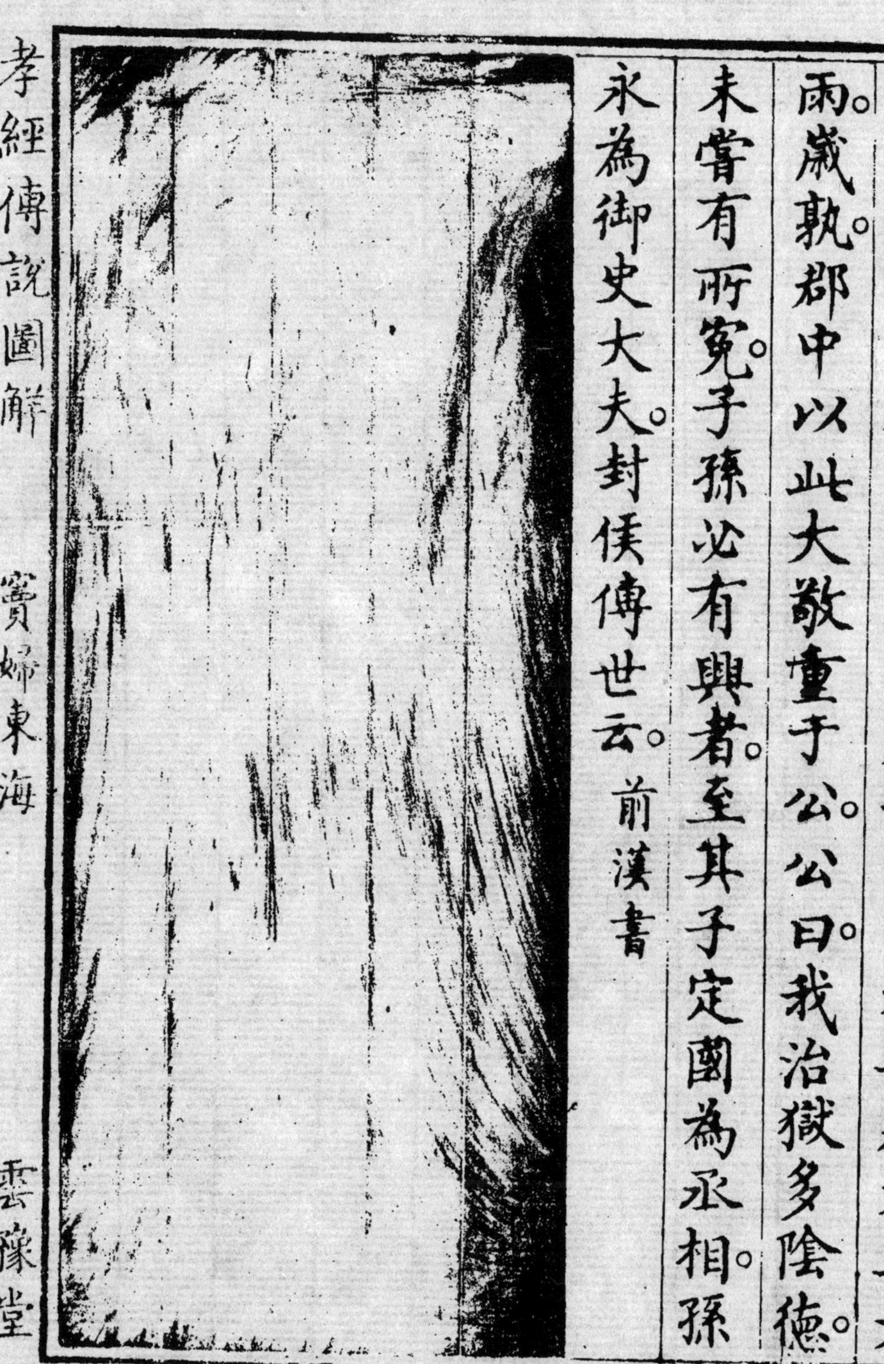

竇婦東海

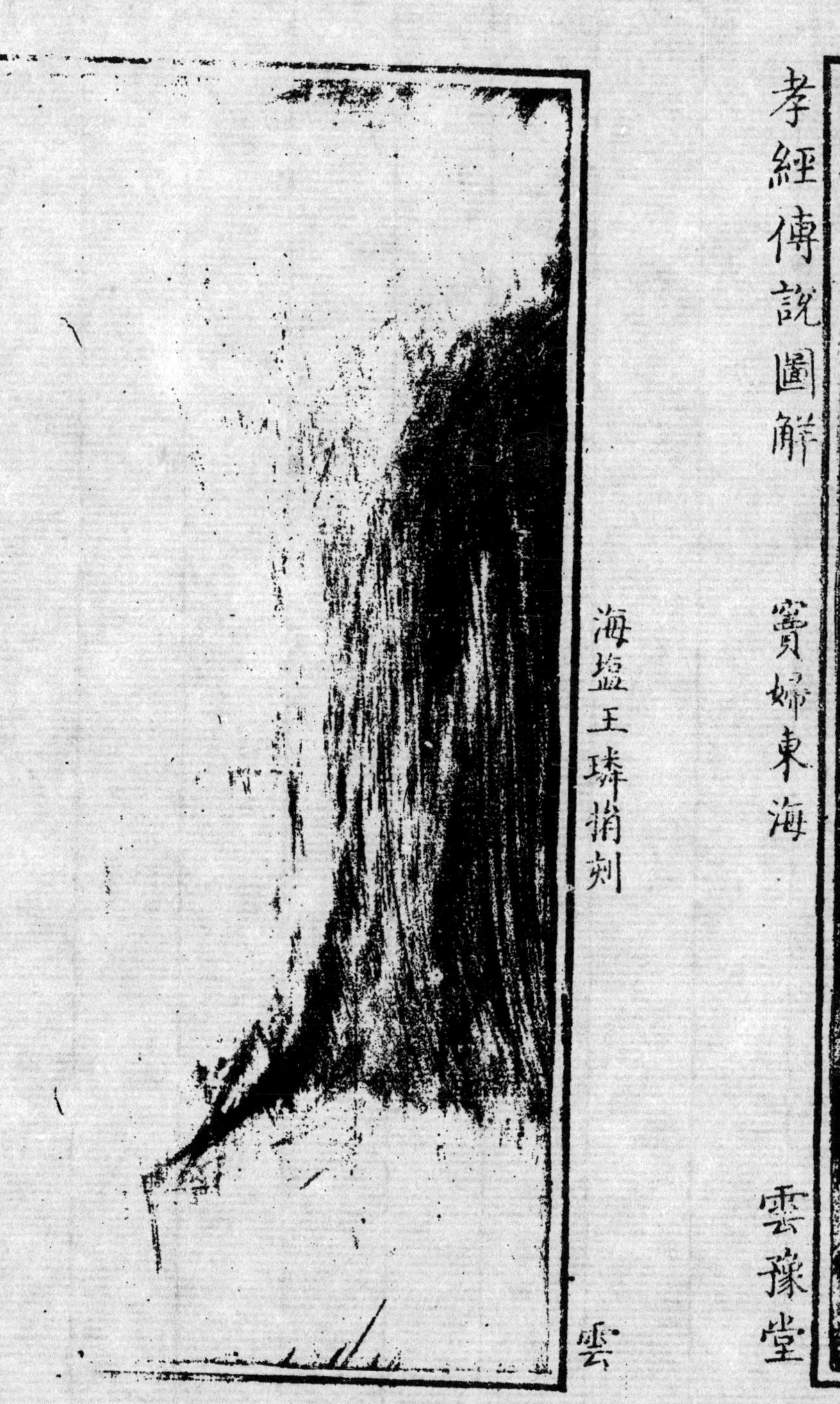

海塩王瑧捐刻

孝經傳說圖解

龐娥都亭

雲篆堂

海鹽王璘捐刻

雲

龐娥。酒泉表氏龐子夏之妻也。父趙安。為同縣李壽所殺。娥兄弟三人同時病死。壽家喜。娥自傷父讐不報。乃幃車袖劍。白日刺壽於都亭前。訖。徐詣縣。顏色不變。曰。父讐已報。請受戮。祿福長尹嘉解印綬縱娥。娥不肯去。遂強載還家。會赦得免。州郡嘆賞。刊石表閭。子龐淯拜駙馬都尉。遷西海太守。賜爵關內侯。後徵拜中散大夫。後漢書

孝經傳説圖解

景伯供食

雲豫堂

海盐王璘捐刻　省

魏房景伯為清和太守。有婦人列其子不孝。景伯白。其母崔氏。母曰。民未知禮義何足深責。召其母。與之對榻共食。使其子侍立堂下。觀景伯供食。未旬日。悔過求還。崔氏曰。此雖面慚。其心未也。且置之。凡二十餘日。其子叩頭流血。母涕泣乞還。然後聽之。山堂肆考

孝經傳說圖解

田疇躬耕

雲豫堂

海塩王璘捐刻

三國魏田疇。字子泰。右北平無終人。好讀書。善擊劍。初平元年。義兵起。董卓遷帝于長安。幽州牧劉虞署疇為從事。奉使長安。未至。虞已為公孫瓚所害。疇至謁祭虞墓。陳發表章。哭泣而去。瓚聞之大怒。購求獲疇。謂曰。汝何自哭劉虞墓。而不送章報于我也。疇答曰。漢室衰頽。人懷異心。惟劉公不失忠節。章報所言。於将軍未美。恐非所樂聞。故不進也。且将軍方舉大事。以求所欲。既滅無罪之君。又殺守義之臣。燕趙之士。皆蹈東海而死耳。豈忍有從将軍者乎。瓚壯其所

省

對釋不誅乃縱遣疇疇北歸曰。君仇不能報吾不可以立於世。遂入徐無山中。躬耕以養父母。百姓歸之。數年間至五千餘家。乃為約束制婚姻嫁娶之禮。興舉學校講授之業。班行其衆。衆皆便之。至道不拾遺。北邊翕然服其威信。魏志

海塩王璘捐刻　省

孝經傳說圖解

庾域鶴唳

雲豫堂

秀水鄒敬修捐刻　實

庾域。有孝行。母好鶴唳。域孜孜營求。一日雙鶴来下。域少沉静。有名鄉曲。梁文帝歎美其才。曰荆南杞梓。其在斯乎。為華陽太守時。魏軍攻圍南鄭。州有空倉数十所。域手自封題。指示将士曰。此中粟皆滿。足支二年。但努力堅守。衆心以安。天監初。封廣牧縣子。後軍司馬。魏襲巴西。域固守。城中糧盡。将士皆齕草。供食。無有離心。魏軍退。進爵為伯。於時兵後人饑。域上表振貸。不待報。輙開倉以賑。後罷任還家。妻子猶事井臼。而域所衣大布。餘賦專充供養焉。南史

孝經傳說圖解

戴良驢鳴

雲豫堂

秀水鄒敬修捐刻

後漢戴良。字叔鸞。汝南慎陽人也。母憙驢鳴。良常效之。以娛樂焉。與兄伯鸞。俱以至孝聞。良才既高達。舉孝廉不就。再辟司空府。彌年不到。州郡迫之。悉將妻子逃入江夏山中。優游泉石。初良五女。並賢。每有求姻。輒便許嫁。疎裳布被。竹笥木屐。以遣之。五女能遵其訓。皆有隱者之風焉。後漢書

實

孝經傳說圖解

路隨攬鏡

雲豫堂

秀水范滌泉捐刺

唐路丞相随父泌。從渾瑊會平凉。為人所執。死焉。随方在嬰褓中。始十歲。母謂随曰。汝還識汝父否。随哽咽無語。母曰。視汝眉目。宛若父之眉目。随後攬鏡照之。殞絕于地。後終身不敢臨鏡。稗史彙編

微

孝經傳說圖解

張稷聞箏

雲豫堂

秀水范滌泉捐刺

微

張稷字公喬幼有孝性生母劉無寵遘疾時稷年十一侍養衣不解帶州里謂之淳孝及終長兄瑋善彈箏稷以劉先執此技聞瑋為清詞悲感頓絕遂終身不聽性疎率朗悟有才畧為剡令會山賊唐寓之作亂稷率厲部人保全縣境梁朝建為散騎常侍中書令累遷尚書左僕射帝親幸稷宅自宋武帝徑造張永至稷三世並降萬乘論者榮之 南史

孝經傳說圖解

郅奇烏火

雲豫堂

秀水范滌泉摘刻　　隱

郅奇。字君珎。居喪盡禮。所居去墓百里。夜行。常有飛烏銜火夾之。登山濟水。號泣不息。未嘗以險難為憂。雖夜如晝之明也。以淚洒石則成痕。著朽木枯草。必皆重茂。以淚浸地即鹹。俗謂之鹹鄉。昭帝嘉其孝異。表名其邑曰孝子鄉。四時立廟祭祀焉。拾遺記

孝經傳說圖解

周豪雀羹

雲豫堂

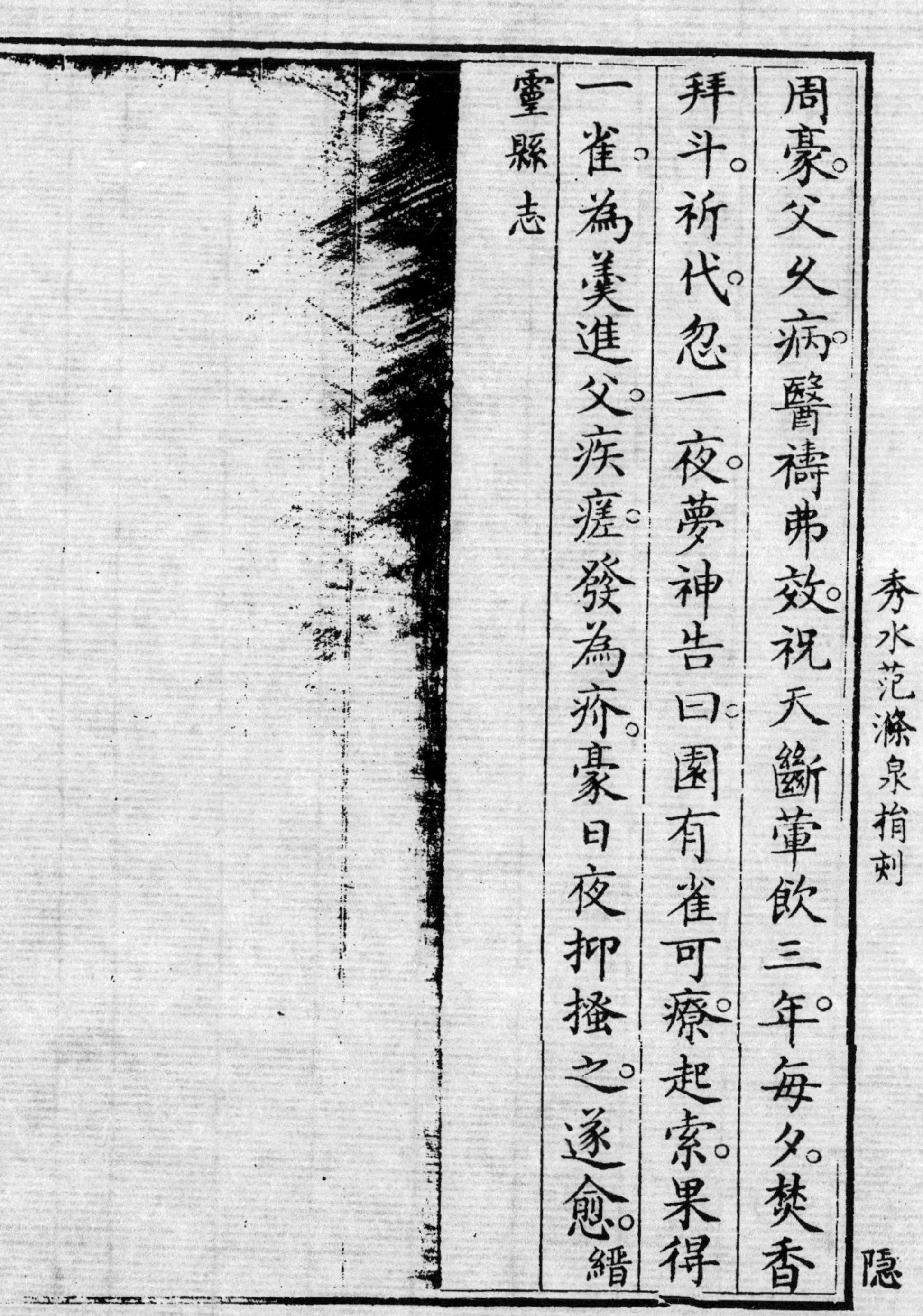

周豪。父久病。醫禱弗效。祝天斷葷飲三年。每夕。焚香拜斗。祈代。忽一夜夢神告曰。園有雀可療。起索。果得一雀。為羹進父。疾瘥。發為疥。豪日夜抑搔之。遂愈。縉雲縣志

秀水范濂泉揖刺

隱

孝經傳說圖解

曹娥虞江

雲豫堂

秀水范滌泉捐刻　潜

曹娥。上虞曹盱之女也。盱能撫節按歌。婆娑樂神。以漢安五年五月五日迎伍君。逆濤而上。為水所淹。不得其尸。娥年十四。號慕思盱。哀吟澤畔。旬有七日。遂自投江死。經五日。抱父屍出。浮水上。縣長度尚奇之。瘞之江南道旁。立廟致祭。宋大觀年封靈孝夫人。政和時。加封昭順。淳祐間。加封純懿。且封其父為和應侯。母為慶善夫人。兩浙通志

孝經傳說圖解

彩鸞桂林

雲豫堂

嘉善丁鷺捐刻

潜

元徐彩鸞。浦城徐嗣源女也。通經史。每誦文天祥六歌。輒欷歔隕淚。至正中。賊寇浦城。彩鸞從父逃避。賊及之。欲殺嗣源。彩鸞前曰。此我父也。寧殺我。賊舍其父而逼彩鸞。乃語父曰。兒義不受辱。父可急去。賊乃拘女至桂林橋。女拾炭題詩於壁。即厲聲罵賊。投水而死。續宏簡錄

孝經傳說圖解

嚴端屑米

雲豫堂

嘉興朱袁銓捐刻

通

嚴端。字克正。號謙齋。以進士累遷南車駕貟外郎。為積忤所中。解組歸。性至孝。母年六十。奉養歷四十餘年。母年百四歲。朝夕不離左右。母齒豁不能餐。端手屑良米煑粥。操匕箸以進。母有所欲。輒力致之。少疾即束帶至旦。身嘗五藥。至母體復。始就寢。及居喪。哀毀彌至。其學貫串百氏。著有謙齋集。甬上耆舊傳

孝經傳說圖解

李實懸金

雲豫堂

嘉興朱衣銓捐刻

李實樂清人元兵南下實奉祖母母匿山中祖母母被執兵索金不得束火灼其祖母肩母號泣取水以沃火主者怒將斬之實懸金刀頭挺身求贖見無活母意置金地上曰若去父母妻子萬里至吾土獨不愛其身乎若殺我母吾寧甘心若耶主者顧左右曰真男子不畏死令取金而俱釋之後以子孝光貴贈員外郎温州府志

通

韋娥採藥

雲豫堂

秀水陳延聲捐刻

宋歙縣人韋頂。有二女。事親孝謹。母程氏。與二女登山採藥。母為虎所攫。二女號呼搏虎。虎遂棄去。母得免。刺史劉贊嘉之。蠲其户役。改所居合陽鄉為孝女鄉。百孝圖

孝經傳說圖解

蔡順分椹

雲豫堂

秀水陳延䭫捐刻

蔡順。字君仲。事母至孝。王莽末。歲荒。順拾椹。以異器盛之。赤眉見而問焉。曰。黑者味甘。奉母。赤者味酸。自食。賊義其孝。以米肉遺之。常出求薪。有客至。母望順不還。乃嚙指。順心動。棄薪馳歸。跪問其故。母曰。有急客來。吾噬指以悟汝耳。後太守韓崇。名為東閤祭酒。

合璧事類

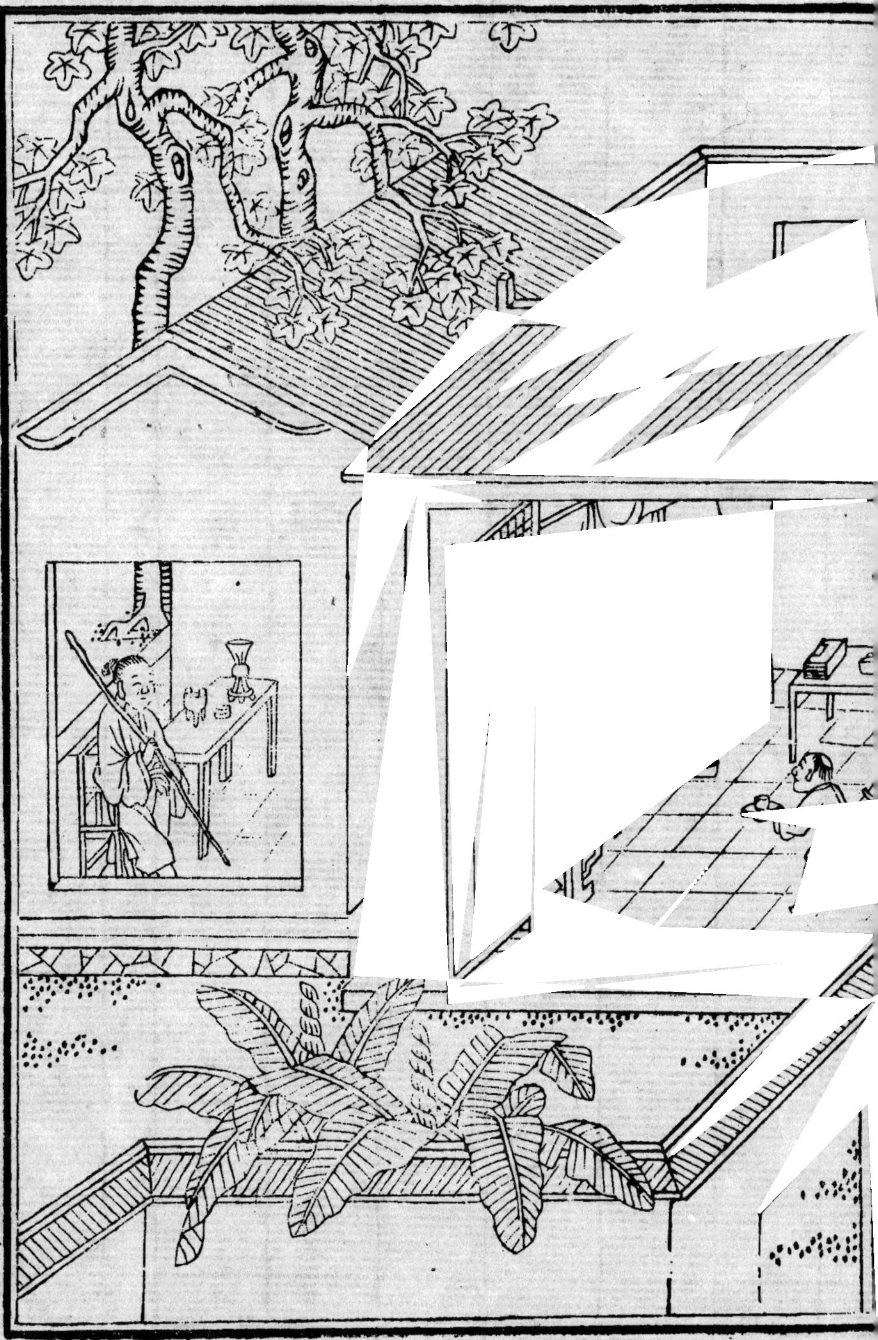

孝經傳說圖解

頤之嚙被

雲豫堂

樂頤之。字文德。鄧人。少日。父亡郢中。即號泣徒步而往。負歸營葬。嘗得疾。忍而不言。嚙被至碎。恐母聞之也。吏部郎庾果之造訪。頤之設具。惟菜菹而已。果之不能食。母自出其膳。皆珍羞也。果之曰。卿賢過于茅季偉矣。南史

秀水陳延聲捐刻

躬

孝經傳説圖解

家較割襟

雲豫堂

王家較。雲和人。康熙十三年。耿冦掠鄉邑。父王産被擄。燒身索金帛。將斃。家較直走冦所。哀懇求代。冦乃解父索。繫其頸。家較割衣一幅。剪髮一縷。授父曰。兒必死。以此寄兒婦。為他日遺腹作念。冦挾之行。至泰順。遇官兵。得釋歸。見父相持號泣。事聞。奉旌。題旌册

秀水陳延聲捐刻

躬

孝經傳說圖解

孝肅構廟

雲豫堂

秀水陳延聲捐刻

徐孝肅。汲郡人。宗族数千家。多以豪侈相尚。唯孝肅性儉約。事親以孝聞。早孤。不識其父。及長。問其母父狀。求畫工圖其形像。構廟置之。而定省焉。朔望祭享養母至孝。数十年。家人未見其有忿恚之色。隋書

餘

孝經傳說圖解

劉霽感僧

雲豫堂

秀水陳延聲捐刻

劉霽字士烜。平原人。年九歲能誦左氏傳。宗黨咸異之。十四。居父憂。有至性。每哭輒嘔血。母明氏寢疾。霽年已五十。衣不解帶者七旬。誦觀音經數至萬遍。夜因感夢見一僧謂曰。太夫人筭盡。君精誠篤至。當相為申延。後六十餘日乃亡。霽廬于墓。常有雙白鶴馴翔廬側。梁書

餘

孝經傳說圖解

季詮持臂

雲豫堂

秀水陳延聲捐刻

敢

沈季詮。字子平。少孤。事母孝。未嘗與人爭。皆以為怯。季詮曰。吾怯乎。為人子者。可遺憂于親乎哉。貞觀中。侍母渡江。遇風。母溺死。季詮號呼投江中。少選。持母臂浮出水上。都督謝叔方。具禮祭而葬之。唐書

孝經傳說圖解

趙婦撫膺

雲豫堂

秀水陳延聲捐刻

敢

宋趙孝婦。應城人。早寡事姑孝。家貧。傭織于人。得美食。必持歸奉姑。嘗念姑老。一旦不諱。倉卒無棺。以次子鬻巨族。買杉木為棺。置于家。南鄰火。時南風甚烈。孝婦亟扶姑出避。棺重不可移。乃撫膺大哭曰。吾責兒得棺。不能救之。風忽轉。得不焚。人以為孝感所致

續宏簡錄

世麒百燕

秀水陳延聲捐刻

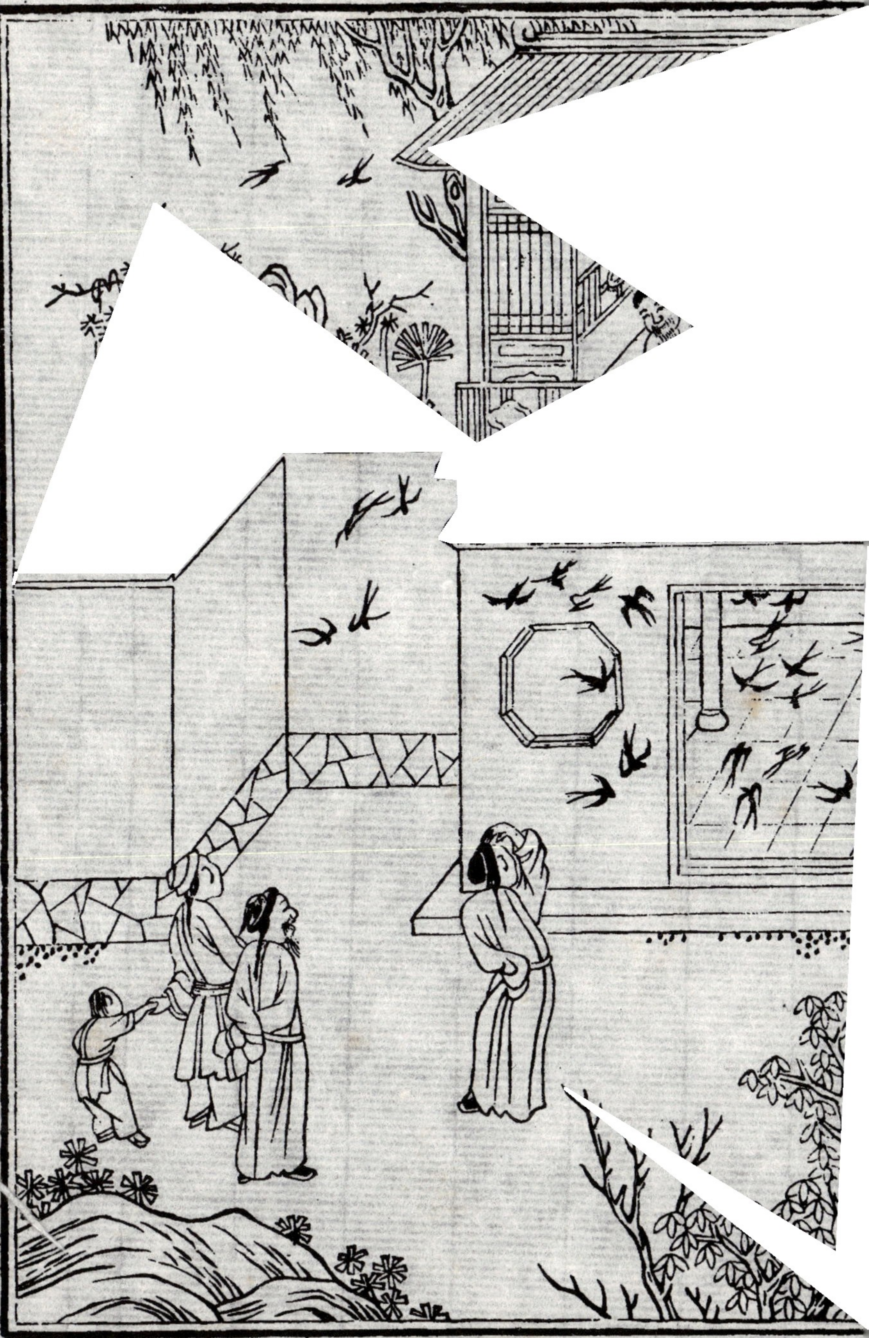

鄒世麒。字魯傳。秀水人。弱齡喪母。哀號不止。父宗仁。諭以大義。始節哀。父坐卧一小樓。日夕侍奉。有乳燕數百。羣巢楼下。人異之。遂名百燕楼。公舉事實

孝經傳說圖解

舜卿雙燈

雲豫堂

秀水陳延聲捐刻

虞舜卿。字國賓。篤于孝友。代兄漕。濱死不怨。酎以腴田。轉授諸姪。一日哭父墓。聞空中語曰。有虎甫下山。而塚有蹯跡矣。夜奔視母疾。有雙燈自移引路。人皆以爲孝感。錢塘縣志

延聖匿水

雲豫堂

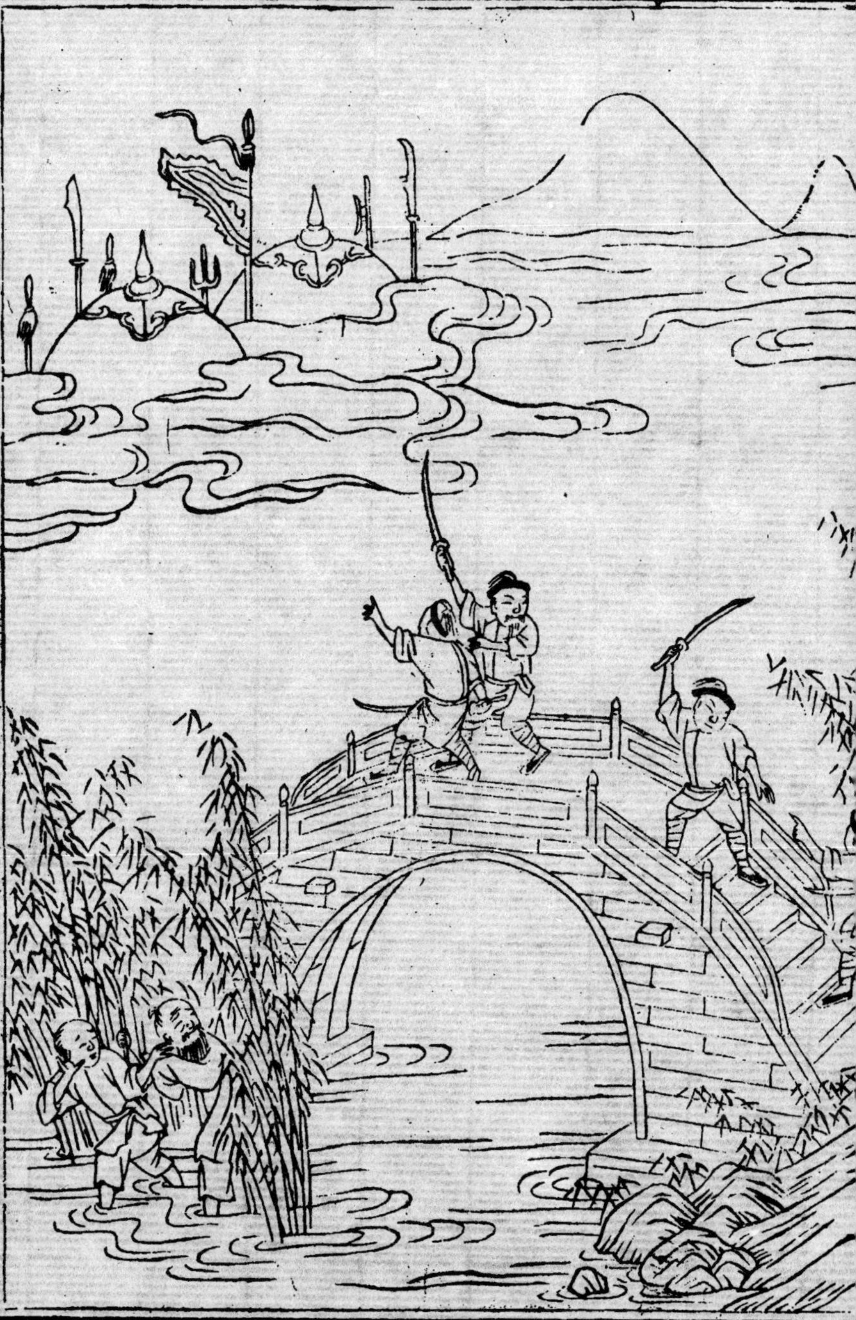

嘉興張正熊捐刻

張延聖開化人。康熙甲寅。山寇竊發。父為賊所獲。延聖直闖賊營。求以身代。賊并繫之。並受拷掠日久。管東少懈。乘夜負父越墻而逃。追急。匿橋下深水中。遂得脫。兄延毓早故。遺孤森年十歲。亦被擄。不知所往。父痛念其孫。延聖不避艱阻。尋至江西樂平縣。聞在賊寨。百計措金贖回。母病。衣不解帶。及歿。哀毀骨立。廬墓三年。雍正六年。具題奉旌。題旌冊

嘉興張正熊捐刻

王祥。字休徵。性至孝。母早喪。繼母朱氏數譖之。由是失愛於父。母常欲生魚。祥解衣剖冰求之。冰忽自解。雙鯉躍出。母又思黃雀炙。復有黃雀數十。飛入其幙。有丹柰結實。母命守之。每風雨。輒抱樹而泣。其篤孝純至如此。後應召。政化大行。累遷大司農。封萬歲亭侯。晋武帝踐阼。進爵為公。泰始五年。薨。詔賜東園秘器。年八十有五。祥弟覽孝友恭恪。名亞於祥。咸寧初為宗正卿。以太中大夫歸老。後轉光禄大夫。門施五（一作行）馬。咸寧四年卒。時年七十三。謚曰貞。晋書

以

孝經傳說圖解

王祥卧冰

雲豫堂